PHOT. AD. ELNAIN, WIESBADEN

ISENKRAHE-BIBLIOGRAPHIE

VON

DR. PHIL. WILHELM ALFRED MILLER.

3. ERGÄNZTE AUFLAGE.

MIT EINEM BILDNIS ISENKRAHES VOM JAHRE 1915.

BERLIN UND LEIPZIG 1927
VERLAG VON WALTER DE GRUYTER & CO.

Die 1. Auflage dieser Schrift erschien 1915
bei Heinrich Schöningh zu Münster i. W.,
die 2. im Jahre 1917 bei Carl Bongard
zu Straßburg i. E.

Pro veritate non nisi veritate certandum est.

Kämpfen für die Wahrheit soll man bloß mit der Wahrheit.

Hugo Grotius: De veritate religionis christianae.

A. Biographische Notiz.

Professor Dr. Caspar Isenkrahe wurde geboren zu Müntz bei Jülich am 12. Mai 1844. Er besuchte 1856 das Progymnasium in Jülich, 1857 das Marzellengymnasium in Köln, 1858—63 das Kgl. Gymnasium in Bonn. An der dortigen Universität studierte er von 1863—68 Philosophie, Mathematik und Naturwissenschaften nebst Latein und Deutsch, promovierte am 31. Juli 1866 zum Dr. phil. und legte am 26. Februar 1869 das Examen pro facultate docendi in den genannten Fächern ab. Nach einem Probejahr an dem Kgl. Gymnasium in Bonn wirkte er in dem Zeitraum von 1870—1911 nacheinander an den Gymnasien bzw. Realgymnasien in Krefeld, Bonn und zuletzt in Trier.

Am 1. April 1911 trat Prof. Isenkrahe in den Ruhestand; er behielt seinen Wohnsitz in Trier bei. Das Ausscheiden aus dem Lehramte gab ihm Muße zu erhöhter wissenschaftlicher Tätigkeit. — Am 31. Juli 1916 feierte er sein goldenes Doktorjubiläum unter reger Anteilnahme der Gelehrtenwelt.

Die philosophische Fakultät der Universität Bonn erneuerte ihm aus diesem Anlaß das Doktordiplom mit folgenden außergewöhnlich ehrenden Worten:

Die philosophische Fakultät
der Königlich Preußischen Rheinischen
Friedrich-Wilhelms-Universität zu Bonn
erneuert dem Professor
Dr. Caspar Isenkrahe
in warmer Anerkennung seiner erfolgreichen Lehrtätigkeit
an den Gymnasien
in Krefeld, Bonn und Trier,
die zahlreichen Schülern in dankbarer Erinnerung steht,
in aufrichtiger Hochschätzung eines verdienten Gelehrten,
der vielseitig ist ohne Zersplitterung,
der neben mathematischen Fragen die tiefsten Probleme der
Natur und des Lebens
in den Kreis seiner Forschung gezogen hat,
die Urkunde der Verleihung der Doktorwürde vom 31. Juli 1866
am fünfzigsten Jahrestag der Promotion, dem 31. Juli 1916
im 29. Regierungsjahre seiner Majestät des Kaisers und
Königs Wilhelm II.
Unter dem Rektorat des Professors der Chemie
Dr. Richard Anschütz.
Unter dem Dekanat des Professors der Geographie
Dr. Alfred Philippson.

Noch fünf Jahre war es dem greisen Gelehrten vergönnt, in erstaunlicher geistiger Frische wissenschaftlich tätig zu sein*), wenn auch vielfach heimgesucht von den Schrecknissen des Krieges und schweren körperlichen Leiden.

Am 12. August 1921 berief Gott der Herr den unermüdlichen Apologeten, wie wir hoffen dürfen, zu der beseligenden Anschauung jenes ewigen Lichtes, dessen irdischen Abglanz den Menschen wissenschaftlich zu deuten das letzte Ziel seiner rastlosen Forschung war.

Im Schatten der altehrwürdigen Paulinuskirche in Trier harrt er seiner Auferstehung entgegen. R. I. P.

Hechingen (Hohenzollern),

12. Mai 1927. Dr. W. A. Miller-Kißlegg,
Schulrat.

*) Sein wissenschaftlicher Nachlaß einschließlich eines außergewöhnlich umfangreichen Briefwechsels wird von seiner Tochter Cäcilie Isenkrahe in Trier, Nordallee 34, nach archivalischen Grundsätzen verwaltet; dorthin bitte ich gegebenenfalls Anfragen und Erkundigungen wissenschaftlicher oder biographischer Natur zu richten.

B. Werke.

1922.

1. Experimental-Theologie. Behandelt vom Standpunkte eines Naturforschers. Von Prof. Dr. Isenkrahe. Mit einem Bildnis des † Verfassers.

Zweite, umgearbeitete und bedeutend erweiterte Auflage. Gr. 8 ° (XVI und 186 Seiten). Bonn, 1922. A. Marcus & E. Webers Verlag. RM. 3.60; gb. 5,00.

a) Kurze Einführung.

Mit grausamster Deutlichkeit haben die Schrecknisse des Krieges jedem denkenden Menschen bewiesen, daß alle Heilshoffnung der Welt im letzten Ende nur fußen kann auf dem Glauben an einen Allmächtigen, der da lebt und wirkt, der alles sieht und jede Tat richtet. Ist dieser Glaube leider so vielen verloren gegangen, so gilt es, ihn neu zu erwecken und zu sichern. Je klarer nun aber der Beweis vor Augen liegt, daß alle unsere tiefsinnigen und gelehrten apologetischen, historischen und philosophischen Werke nicht vermocht haben, dem fortschreitenden Abfall vom Gottesglauben zu steuern, um so einleuchtender wird die Not, sich nach anderen Hilfsmitteln umzusehen, nach wirksameren, dem Zuge der Zeit angepaßteren.

Unter dem Einfluß mächtig gesteigerter Naturerkenntnis geht die Triebrichtung menschlichen Strebens in unseren Tagen mit starker Kraft auf das Experiment. Beweise dafür sind neben der Experimental-Physik und -Chemie die experimentelle Psychologie, Physiologie, Geologie, Vererbungslehre und Pädagogik. Auch eine experimentelle Theologie hat es schon lange gegeben, aber ohne daß sie als ein besonderes Arbeitsgebiet hervorgetreten, und ohne daß die Weite ihres Bereichs gebührend erkannt und gewürdigt worden wäre. Manches Feld ließ man unbeackert und in den beackerten manches Unkraut wuchern. Wenn nun die „Experimental-Theologie" hier für sich in einen Rahmen gefaßt und eigens vom Standpunkt der Naturwissenschaft behandelt wird, so ist damit beabsichtigt, zu zeigen, wie jene Mittel, die der heutigen Wissenschaft und Technik überhaupt zur Feststellung von Tatsachen zu Gebote stehen, auch zu verwerten sind, um von einem erkennbaren Walten und Wirken Gottes in der Welt das Tatsächliche ins Licht zu setzen. Vornehmlich in Frage kommt also alles, was bei Wundern das sinnfällig Tatsächliche ist, und wenn unter Vorführung zahlreicher Beispiele manche Versäumnis oder Verkehrtheit erwähnt werden muß, so schließt sich daran doch der Hinweis auf geeignete Wege zur Besserung.

Wunder sind, wie das Vatikanum erklärt, „für alle Menschen die einleuchtendsten Zeichen der göttlichen Offenbarung“. Eben daraus aber erfließt die Pflicht, daß der Mensch gerade die Wunder mit allen verfügbaren Mitteln auch als solche sicherstellen soll. Genaueste Ermittlung und eine wirklichkeitstreue, weitestreichende Kundgabe der Tatsachen: das ist hier Pflichterfüllung. — Wohl manche damit verwandte Aufgabe rankt sich sonst noch daran an; ihnen allen aber zu dienen, ist die umfassende Bestimmung der „Experimental-Theologie“.

b) Inhaltsübersicht.

Erste Abteilung:

Rückblicke.

Zweite Abteilung:

Ausblicke für Gegenwart und Zukunft.

2. Waffen der Apologetik und ihre Handhabung. Von Prof. Dr. C. Isenkrahe.

Herausgegeben von Dr. Jos. Schnippenkötter. 3 Hefte. Bonn, A. Marcus & E. Webers Verlag, 1922. RM. 3.—.

3.*) 1. Der Apologet als Pädagoge.

(III und 56 S. 8°.) RM. 1.—.

Inhaltsübersicht.

*) Anmerkung: Die Durchnumerierung der einzelnen Werke erfolgte nach bibliothektechnischen Grundsätzen, so daß jedes einzeln bestellbare Werk auch eine eigene Nummer hat.

Sprachgesetze gebunden. Mit jeder Vernachlässigung und Übertretung derselben tut er Unrecht am Leser und schadet dem werbenden Zweck der Apologetik.

V. Der Apologet soll bei Auslegung von Sätzen andrer Autoren, die er für seine Beweise beizieht, den Sprachgesetzen keine Gewalt antun; denn sonst geschieht nicht bloß jenen Autoren Unrecht, sondern auch großer Schaden dem Zwecke der Apologetik.

VI. Der Apologet soll sich in allen Fällen als Menschenfreund betätigen, soll Güte walten lassen und kein „Scheltpädagoge" sein.

Namen- und Sachregister.

4. 2. Geysers Philosophie im Dienste der Apologetik. Berührungs- und Trennungspunkte.

(VII und 78 S. 8°.) RM. 1.50.

Inhaltsübersicht:

I. Vorläufer.

II. Berührungs- und Trennungspunkte in Geysers Kritik meiner „Grundlegung des kosmologischen Gottesbeweises".

III. Wie Geyser Wortlaut und Sinn meines Grundaxioms abänderte und mir dann eine Beweislücke schuld gab. Drei bedeutsame Trennungspunkte.

IV. Weitere Berührungs- und Trennungspunkte, erörtert in meiner Broschüre über „Das Problem der Evidenz".
   A. Fünf Berührungspunkte.
   B. Zwei methodische Trennungspunkte.
   C. Fünf sachliche Trennungspunkte, die sich auf Behauptungen Geysers beziehen.
   D. Sechs sachliche Trennungspunkte, die sich auf Unterlassungen Geysers beziehen.

V. Berührungs- und Trennungspunkte, die mehr oder weniger deutlich erschließbar sind aus Geysers Broschüre: „Über Wahrheit und Evidenz".
   A. Einige Berührungspunkte.
   B. Trennungspunkte.

Namen- und Sachregister.

5. 3. Zur Elementaranalyse des kosmologischen Gottesbeweises.

(III und 43 S. 8⁰.) Mit einem Bilde des † Verfassers. RM. 0.80.

Inhaltsübersicht.

Diesem Heft ist im Nachwort (S. 38—42) ein Aufsatz Isenkrahes beigefügt: „Über Euklidisierung, Axiomatik und Elementaranalyse in der Physik", der Bezug nimmt auf einen Angriff Thirrings in den „Naturwissenschaften".

1921.

6. Zur Elementaranalyse der Relativitätstheorie. Einleitung und Vorstufen. Von Prof. Dr. C. Isenkrahe.

Gr. 8⁰ (VI u. 134 S.) Braunschweig, Vieweg & Sohn, 1921. RM. 4.50.

a) Kurze Einführung.

Das weitaus vorherrschende Problem der Jetztzeit auf naturwissenschaftlichem Gebiet ist die „Relativitätstheorie". An ihr regen sich die Geister in einer Weise auf, wie es kaum je geschehen, und kämpfen erbittert gegeneinander mit Waffen, die leider nicht immer löblich gewählt sind. Da scheint zur Erzielung von Klarheit und zur Anbahnung wissenschaftlichen Friedens nichts geeigneter als die exakte Zerlegung des Streitobjektes in seine Letztbestandteile, die Vorführung der „Elemente", der „Grundbegriffe" und „Grundsätze", aus denen der Bau der Theorie zusammengefügt wurde. Eben das ist's, was mit dem Namen der „Elementar-Analyse der Relativitätstheorie" bezeichnet sein soll. Zu einem solchen umfassenden Werk die Einleitung zu liefern, eine Reihe unumgänglicher Vorfragen zu behandeln und sie ohne jede Voreingenommenheit, ohne Rücksichtnahme auf irgendwelche Personen und Tendenzen rein sachlich zu erörtern, ist der Zweck der vorliegenden Schrift. Möge sie dazu beitragen, einer Verständigung die Wege zu bahnen!

b) Inhaltsübersicht.

Vgl. den Schlußsatz zu B. Nr. 5 (Seite 9).

1920.

7. Untersuchungen über das Endliche und das Unendliche mit Ausblicken auf die philosophische Apologetik. Von Prof. Dr. C. Isenkrahe.

3 Hefte. 8° Bonn, A. Marcus & E. Webers Verlag, 1920 mit je einem Nachtrag in Heft I (S. 210—216) und Heft III (S. 234—245), enthaltend die Entgegnung Isenkrahes auf die Angriffe Gutberlets und Hartmanns im „Philosophischen Jahrbuch der Görresgesellschaft“ Band 32, 1919,

Heft 4, S. 366 ff. und Bd. 33, 1920, Heft 3, S. 287 ff. Heft I—III zus. RM. 12.—.

Erstes Heft:

8.*) Drei Einzelabhandlungen über Fragen aus dem Grenzgebiet zwischen Mathematik, Natur- und Glaubenslehre.

(V und 224 S.). 8°. RM. 4,20.

Zweites Heft:

9. Die Lehre des hl. Thomas vom Unendlichen, ihre Auslegung durch Prof. Langenberg und ihr Verhältnis zur neuzeitlichen Mathematik.

(VIII und 230 S.). 8°. RM. 4.20.

Drittes Heft:

10. Briefwechsel zwischen Prof. Dr. Sawicki-Pelplin und Prof. Dr. Isenkrahe-Trier über eine Unendlichkeitsfrage, die für den apologetischen Entropiebeweis grundlegend ist.

(IX und 245 S.) 8°. RM. 4.20.

Kurze Einführung:

Viele Jahrhunderte schon dauert zwischen Philosophen, Theologen und Mathematikern der Streit um das Unendliche, und gerade in neuester Zeit hat er infolge ungewöhnlich heftiger Vorstöße von theologischer Seite ein hochgespanntes Interesse gewonnen.

Um das Grenzgebiet mehrerer Wissenschaften handelt es sich hier, und je nachdem dieses von der einen oder andern Seite her betreten wird, ergeben sich — das kann niemand wundernehmen — recht verschiedene Anschauungen, die zum Teil ganz entgegengesetzte Aussagen zur Folge haben. — Gibt es zur Behebung solcher Widersprüche, zur Aufklärung der Irrtümer und Mißverständnisse überhaupt ein Mittel, so besteht es zweifellos in der Aufdeckung der Grundlagen, in der scharfen Zergliederung der Begriffe, in der genauen Kennzeichnung der Punkte, an denen die Wege auseinandergehen.

Diesem Zweck der Verständigung hat der Verfasser schon vor mehreren Jahren durch Herausgabe einer Schrift mit dem Titel: „Das Endliche und das Unendliche. Schärfung beider

*) Siehe Fußnote zu Nr. 3.

Begriffe. Erörterung vielfacher Streitfragen und Beweisführungen, in denen sie Verwendung finden" (Münster 1915) einen Dienst erwiesen, der nicht ohne warme Anerkennung geblieben ist. Unter den Beurteilungen aber, die jenes Buch in der Fachpresse der beteiligten Wissenschaften erfuhr, trat die vom „Philosophischen Jahrbuch der Görresgesellschaft" veröffentlichte dadurch hervor, daß sie eine ganz ungewöhnliche Vielheit von Irrtümern und schiefen Auffassungen erkennen ließ. Diese sind in der Tat so weitgehend und namentlich auch im Hinblick auf die philosophische Apologetik so bedeutungsvoll, daß ihre ausführliche Erörterung nicht bloß als Abwehr unbegründeter Angriffe berechtigt, sondern auch im Dienste einer guten und wichtigen Sache nützlich und wertvoll erschien.

So suchen denn die zunächst mit einem „Ersten Heft" einsetzenden „Untersuchungen über das Endliche und das Unendliche" wiederum durch klare und exakte Darlegung der Grundlagen die Widersprüche zu beheben und das Trennende auszumerzen. Dabei fällt durch die genaue Analyse der Streitpunkte auch helles Licht auf eine höchst eigenartige Kampfweise und auf gewisse gegen den Verfasser ins Feld geführte Angriffswaffen, die den Leser — — überraschen werden.

Das „Erste Heft" bringt drei Einzelabhandlungen, die je ein wissenschaftliches Problem allgemeineren Interesses erörtern im Anschluß an gewisse Ausführungen von Professor Hartmann und Professor Gutberlet im „Philosophischen Jahrbuch" und an andern Stellen.

Das „Zweite Heft" knüpft ebenfalls noch an das „Philosophische Jahrbuch" und insbesondere an eine dort von Professor Langenberg veröffentlichte Abhandlung an, greift aber weit darüber hinaus und behandelt auf breiterer Grundlage die Lehre des bedeutendsten aller mittelalterlichen Theologen und Philosophen, des hl. Thomas von Aquin, über das Unendliche. Dabei ergeben sich hochinteressante Beziehungen zwischen seiner Denkweise und den Anschauungen der neuzeitlichen Mathematik. Namentlich erweisen sich gewisse Sätze des hervorragenden Mathematikers Killing-Münster als Weiterentwicklung Thomistischer Keime. Sogar ein leiser Anklang an die gewaltigste physikalische Errungenschaft der letzten Jahrzehnte gibt sich kund, an die heute im Brennpunkt des physikalischen Interesses vieler stehende Relativitätstheorie.

Das „Dritte Heft" bearbeitet den ausgedehnten Briefwechsel, den der Verfasser mit Professor Sawicki-Pelplin über eine Unendlichkeitsfrage geführt, worüber Dr. Schnippenkötter im „Hochland" (Juniheft 1919) berichtet. Sawicki selbst spricht davon in der dritten Auflage seines Buches über „Die Wahrheit des Christentums" und erwähnt, daß dieser bei der Preisgabe des vielerörterten apologetischen „Entropiebeweises" mitgewirkt habe. —

Der Gesamtplan sowie die Ausgestaltung im einzelnen ist bei allen vorgelegten „Untersuchungen" bestimmt durch das Streben nach Genauigkeit und ernster Strenge im Denken und Reden und anderseits nach Betätigung und Ausbreitung des dem Hugo Grotius zugeschriebenen herrlichen Grundsatzes: „Veritas defendenda est nonnisi veritate!"

1919.

11. Experimental-Theologie. Behandelt vom Standpunkte eines Naturforschers.

Bonn 1919. A. Marcus & E. Webers Verlag. Gr. 8° (X und 168 S.).

Vgl. die II. Auflage 1922 unter B Nr. 1. Außerdem Isenkrahes Aufsatz in der „Kölnischen Volkszeitung" vom 22. Februar 1919 (Nr. 150): „Prophezeiungen und ihre Auswertung". Siehe auch Schlußsatz zu Nr. 15, S. 22.

1917.

12. Zum Problem der Evidenz. Was bedeutet, was leistet sie? Von Prof. Dr. C. Isenkrahe.

Gr. 8° (126 Seiten). Kempten, Kösel, 1917. Geh. RM. 0.80.

a) Kurze Einführung.

Die alte Frage: „Was ist Wahrheit?" spricht das tiefste Problem aller Wissenschaft aus. Seitdem es nachdenkende Menschen gibt, haben sie niemals abgelassen von der Forschung, was die Wahrheit sei, wie man ihrer habhaft werden könne, welches Kennzeichen es für sie gebe. Daß ein solches uns überhaupt zur Verfügung stehe, leugnen viele Philosophen mit Entschiedenheit, andere aber werden nicht müde, es zu versichern. Und wie denn nennen sie dieses Kennzeichen? — „Evidenz"!

Von den Zeiten der griechischen Skeptiker her bis auf den heutigen Tag dauert der Streit, oft allerdings bloß um Worte und fast immer auch mit Worten, die keinen bestimmten, keinen eindeutigen Sinn haben. Durch den letzteren Umstand ist Verwirrung, ist eine — wie der Kardinal Zigliara mit Recht sagt — „confusio, scientiae perniciosissima" entstanden. In dem ebenso eifrig bekämpften wie beharrlich verteidigten Satze: „Die Evidenz ist das Kriterium der Wahrheit" haftet nicht nur der „Evidenz", sondern auch dem Worte „Kriterium" der Fehler der Mehrdeutigkeit an, und wenn je dem schwebenden Streit ein Friede folgen soll, so empfiehlt sich als aussichtsvollstes Versöhnungsmittel ein Versuch, die Sinnunterlegungen der strittigen Ausdrücke mit aller Schärfe voneinander zu trennen und einzeln klarzulegen.

Welchen Anteil an der „Evidenz" hat das erfassende Subjekt? Welchen das erfaßte Objekt? Übt letzteres einen Urteilszwang aus? Bleibt ein Feld übrig für die „Freiheit", für den Willen? Welche Verschiedenheit weisen die sogenannten „Axiome" auf? Inwiefern können sie „Wegscheiden" sein? Gibt es trügerische „Kriterien"? Gibt es ursprüngliche „Evidenzen"? Gibt es „Invarianzen" der Gewißheit? Wo ist „in der Erscheinungen Flucht der ruhende Pol"? Diese Fragen bilden den Gegenstand der Schrift: „Zum Problem der Evidenz. Was bedeutet, was leistet sie?"

b) Inhaltsübersicht.

Ergebnis.
Zweiter Einwand.
Ergebnisse.
Dritter Einwand.
Ergebnis.
Vierter Einwand.
Ergebnisse.

X. Anderweitige Einwendungen.
1. Die Wie ?-Frage.
2. Die Unbestimmtheit des Wortes „Kriterium".
3. Alte und neue Kriterien.
4. Die Invarianzfrage.

Einige Ergebnisse und kurze Zusammenfassungen.
Verzeichnis der angeführten Schriften.
Namen- und Sachregister.

1915

13. Ueber die Grundlegung eines bündigen kosmologischen Gottesbeweises. Von Prof. Dr. C. Isenkrahe.

Gr. 8° (VIII und 304 Seiten), Kempten, Kösel, 1915, geh. RM. 2.—.

Vergl. unter C Nr. 21, S. 26.

a) Kurze Einführung.

Die Not der schweren Kriegszeit hat manche Menschenseele der Religion wieder zugekehrt. Aber wenn das Herz sich noch so sehr nach Trost sehnt, so fragt der denkende Geist doch: Wo ist der Vernunftweg, der mich zum Glauben führt? Gibt es einen Gott? Wer beweist mir sein Dasein? — Zwar erklären Tausende ihren festen Glauben, wiederum Tausende jedoch, deren Verständigkeit und Aufrichtigkeit nicht zu bezweifeln ist, ihren Unglauben. Und wenn ihnen die üblichen „Beweise" vorgeführt werden, so finden sie Fehler und Mängel darin. Wo denn ist ein Beweis, der logisch unanfechtbar wäre? —

Schon seit geraumer Zeit, namentlich aber noch, seitdem der sogenannte „Modernisteneid" ihn all seinen übrigen Erklärungen voranstellte, ist der kosmologische Gottesbeweis als ein Kernpunkt der christlichen Apologetik, als das geeignetste „Sprungbrett zu Gott" behandelt worden. Nun kann aber niemand etwas beweisen, ohne daß er dabei

Voraussetzungen macht, und wenn man tiefergehend die Unterlagen dieser Voraussetzungen prüft, so trifft man zuletzt auf Sätze, die unbewiesen dastehen und als von selbst einleuchtende Wahrheiten benutzt werden. So geht die hier vorliegende Schrift bis auf die Fundamente des kosmologischen Beweises hinab, deckt eine erhebliche Zahl von Widersprüchen, Fehlern und Mängeln auf, die sich in seinem Baumaterial oder in seiner Bauweise bei namhaften Apologeten und Philosophen vorfinden, und legt den Untergrund des ganzen Gebäudes blank vor Augen in Form von Sätzen, die, befreit von unklaren, mehrdeutigen, bildlichen Ausdrücken, an jeden selbständig denkenden Menschen die entscheidende Ja—Nein-Frage richten. Kurz: die Schrift sucht — wonach in den „exakten Wissenschaften" ja schon längst und mit Erfolg gestrebt worden — eine „Axiomatik" aufzustellen, eine scharfgefaßte Axiomatik des kosmologischen Gottesbeweises.

b) Inhaltsübersicht.

XI. Wie verhält sich die Apologetik zur Frage nach der eindeutigen Zuordnung von Ursache und Wirkung?

XII. Abschied vom Kausalgesetz.

Zweite Abteilung:

Der Satz vom zureichenden Grunde und sein Dienst.

XIII. Von Formen, Beweisversuchen und Einschätzungen des Satzes vom zureichenden Grunde. Seine Parallelstellung zum Kausalgesetz.

XIV. Wo ist der zureichende Grund des Ungewordenen zu suchen?

XV. Wie heißt der zureichende Grund des Ungewordenen? — Drei Namen dafür.

XVI. Die Aseität als vierter Name für den Grund des Ungewordenen.

XVII. Die Notwendigkeit als fünfter Name für den Grund des Ungewordenen.

A. Allgemeine Erwägungen über die Notwendigkeit.

B. Erörterung der einzig dem Ungewordenen zugeschriebenen Notwendigkeit, und zwar auf direktem Wege.

C. Erörterung der einzig dem Ungewordenen zugeschriebenen Notwendigkeit mittels des Gegensatzes.

D. Erörterung der einzig dem Ungewordenen zugeschriebenen Notwendigkeit mittels des Wählerarguments.

XVIII. Die Vollkommenheit als sechster Name für den Grund des Ungewordenen.

XIX. Was leistet der Grund des Ungewordenen?

XX. Wie stellen sich diejenigen, die bezüglich der „Ursache" Neinsager sind, zum „zureichenden Grunde" des Ungewordenen?

XXI. Sammlung der Ergebnisse. Kritische Fragen. Scheidung von Wegen.

XXII. Weitere Schritte. Weitere Scheidungen. Schluß.

Übersichtliche Zusammenstellungen.
Anmerkungen und Zusätze.
Verzeichnis der angeführten Schriften.
Namen- und Sachregister.

14. Das Endliche und das Unendliche. Schärfung beider Begriffe, Erörterung vielfacher Streitfragen und Beweisführungen, in denen sie Verwendung finden. Von Prof. Dr. C. Isenkrahe.

Gr. 8° (VIII und 332 Seiten). Münster i. W., Heinrich Schöningh, 1915. RM. 4,—, geb. RM. 4,80.

a) Kurze Einführung.

In einem Umfange und mit einer Gründlichkeit, wie es bisher wohl noch nirgends geschehen, behandelt diese Schrift das in ihrem Titel angegebene Thema, ein Problem also, welches von alters her bis auf den heutigen Tag denkende Geister aufs lebhafteste beschäftigt hat und nicht bloß in der philosophischen und mathematischen Wissenschaft, sondern noch besonders in der christlichen Apologetik eine hervorragende Rolle spielt. Die tiefgreifenden Untersuchungen führen zur Erkenntnis, daß den Ausdrücken „endlich" und „unendlich" dreierlei durchaus verschiedene Bedeutungen zukommen, und daß gerade dadurch jene Unmenge von Verwechslungen, Fehlschlüssen und heftigen Fehden veranlaßt sind, die man in theologischen und philosophischen Schriften auf Schritt und Tritt finden kann. Der Verfasser bekämpft mit aller Energie den Gebrauch der unklaren, vieldeutigen Worte, weist gangbare Wege, wie man sie in allen Fällen durch klare und bestimmte ersetzen, auf solche Weise eine Reihe von Streitfragen ganz aus der Welt schaffen und namentlich in der Apologetik Fehler vermeiden kann, durch die schon manche Glaubensverteidiger ihrem Zwecke erheblich geschadet haben. Von besonderem Interesse sind gewisse Kontroversen, die der Verfasser mit Vertretern mathematischer und theologischer Wissenschaft geführt und zur sachlichen Klärung einzelner Streitfragen mit Erfolg verwendet hat. Das abstrakte Thema bekommt dadurch frisches Leben und wird die Teilnahme auch solcher Leser erregen und wachhalten, die der einen oder anderen Spezialfrage ferner stehen. Ausführliche Register erhöhen die Brauchbarkeit des Buches.

b) Inhaltsübersicht.

15. Neapolitanische Blutwunder. Beobachtet, beschrieben und kritisch erörtert von Prof. Dr. C. Isenkrahe, mit 30 dem Texte eingefügten Abbildungen und einer Spektraltafel in Farbendruck.

Gr. 8° (XII und 244 Seiten). Regensburg, Verlagsanstalt vorm. G. J. Manz, Buch- und Kunstdruckerei A.-G., 1912. RM. 3.—, geb. RM. 4.—.

a) Kurze Einführung.

Zum erstenmal hat sich hier ein deutscher Physiker auf Grund wiederholter eigener Beobachtungen der wissenschaftlichen Erörterung dieses uralten Problems angenommen, dessen Bedeutung für tiefgreifende Fragen der Weltanschauung unverkennbar ist und welches daher noch vor wenigen Jahren durch den bekannten Streitfall Ladenburg-Weber und die „Tausend-Kronen-Wette" so viel Staub aufgewirbelt hat. In durchaus unbefangener Weise prüft der Verfasser die nach jetziger Lage der Sache erkennbaren Tatumstände und legt dar, daß es sich bei den Erscheinungen an den Blutampullen weder um Suggestion oder Einbildung, noch um böswilligen Betrug, sondern um durchaus reale, offensichtliche Geschehnisse handelt, ferner, daß eine Reihe bisher erhobener Einwände gegen das berühmte „Januariuswunder" nicht stichhaltig sind, daß aber auch die vorgebrachten Gründe für eine übernatürliche Verursachung der Vorkommnisse dem modernen Physiker nicht mehr als völlig einwandfrei gelten können, sondern in wesentlichen Punkten einer Ergänzung bedürfen. Geeignete Mittel und Wege zu exakter Prüfung werden eingehend erörtert. — Der Verfasser benutzt für seinen Zweck alle in Betracht kommenden Hilfsmittel der physikalischen Wissenschaft und Technik. Als erster veröffentlicht er Originalphotographien der Blutampullen des hl. Januarius und des hl. Alfonsus sowie des „Wundersteines von Pozzuoli". Besonders eindringlich beschäftigt er sich mit dem bis dahin vorhandenen spektroskopischen Beweismaterial, wobei er die Forschungsergebnisse der hervorragendsten deutschen Spezialisten auf diesem Gebiet benutzt, u. a. auch die Blutphotogramme aus den „Arbeiten des Kaiserlichen Gesundheitsamtes" in Berlin und die jüngst von Professor Ziemke-

Kiel veröffentlichten Spektraluntersuchungen. Überdies hat er selbst von frischem Blut sowohl wie auch von andern roten Farbstoffen Absorptionsspektra in der modernen Farbenphotographie aufnehmen lassen, die Ergebnisse auf einer besonderen Tafel vorgelegt und sie als wichtige Beweisstücke verwertet. Auch mit anderen trefflichen Abbildungen, mit Zeichnungen, die zur Erläuterung des Textes dienen, und mit den eigens für die Schrift zur Verfügung gestellten Bildnissen mehrerer bei der Verwaltung und der Prüfung der neapolitanischen Schätze beteiligten Personen ist das Buch reichlich ausgestattet. Es wird nicht verfehlen, in weiten Kreisen, nicht bloß bei Theologen und Physikern, sondern überhaupt bei Gebildeten aller Stände Aufmerksamkeit zu erregen und ernste Beachtung zu finden.

b) Inhaltsübersicht.

I. Abschnitt: Frühere Bemühungen.

Kap. I. Der Fall Ladenburg-Weber und Zeitungsstimmen dazu.
„ II. Briefwechsel über die Januariusfrage.
„ III. Zweiter Briefwechsel.
„ IV. Dritter Briefwechsel.

II. Abschnitt: Beobachtungen und Verhandlungen.

Kap. I. Unerwartete Reiseerlebnisse. Das Blutwunder des hl. Alfonsus.
„ II. Die physikalische Verhandlung mit Prof. Sperindeo,
„ III. Die erste Beobachtung des Januariuswunders. Der Abend bei Msgr. Caracciolo.
„ IV. Zweite und dritte Beobachtung des Januariuswunders.
„ V. Vierte und fünfte Beobachtung des Januariuswunders.

III. Abschnitt: Wichtige Fragen.

Kap. I. Steckt Betrug dahinter?
„ II. Beruht die Verflüssigung des Ampulleninhalts auf Wärmezufuhr? Beruht sie auf dem Eindringen feuchter Luft?

Kap. III. Wie verhält es sich mit den Volumänderungen?
„ IV. Wie verhält es sich mit den Gewichtsänderungen und deren Verhältnis zu den Volumänderungen?
„ V. Enthält die Ampulle Blut?

IV. Abschnitt: Apologetische Wünsche.
Kap. I. Apologetische Wünsche in betreff der Spektraluntersuchung.
„ II. Apologetische Wünsche in bezug auf den Wechsel der Aggregatzustände.
„ III. Apologetische Wünsche betreffs Feststellung der Veränderungen des Volumens und Gewichts.
„ IV. Das Blutwunder von Pozzuoli und ein darauf bezüglicher apologetischer Wunsch.
„ V. Zusammenfassung und Schluß.
Verzeichnis der Abbildungen.
Literaturverzeichnis.
Namen- und Sachregister.

Vergl. hierzu Isenkrahes Aufsatz: „Die Tausend-Kronen-Wette und Professor Ladenburg" in der „Trierischen Landeszeitung" von Montag, den 18. September 1905, Nr. 215a.

1897.

16. Das Verfahren der Funktionswiederholung, seine geometrische Veranschaulichung und algebraische Anwendung. Von Dr. C. Isenkrahe.

Gr. 8° (VIII und 113 Seiten mit Figuren). Leipzig, B. G. Teubner, 1897.

Identisch mit C Nr. 23, S. 27.

1889.

17. Ueber die Fernkraft und das durch Paul du Bois-Reymond aufgestellte dritte Ignorabimus. Von C. Isenkrahe.

Gr. 8° (64 Seiten). Leipzig, B. G. Teubner, 1889.

1879.

18. Das Rätsel von der Schwerkraft. Kritik der bisherigen Lösungen des Gravitationsproblems und Versuch einer neuen auf rein mechanischer Grundlage von Dr. C. Isenkrahe, Gymnasial-Oberlehrer.

Mit in den Text eingedruckten Holzstichen. Gr. 8°
(XXII und 214 Seiten). Braunschweig, Friedrich Vieweg
& Sohn, 1879.

Vergl. unter C Nr. 25, S. 27.

a) Kurze Einführung.

Bald nach Erscheinen der ersten sieben Kapitel des vorliegenden Buches, die dem Osterprogramm des Krefelder Gymnasiums als wissenschaftliche Abhandlung beigegeben waren, äußerte sich die Kritik („Gaea" 1878, Nr. 11, S. 676) dahin, daß die Arbeit sowohl wegen ihres „zeitgemäßen Themas" als auch wegen ihres „reichen und sorgfältig durchgearbeiteten Inhaltes in Fachkreisen jedenfalls willkommen sein würde". Das dort gebotene und verhältnismäßig nur wenigen zugänglich gewordene Material ist inzwischen auf das Doppelte angewachsen und bildet den ersten, kritischen Teil dieser Schrift. Er umfaßt die Gravitationstheorien von Newton (Bentley), Zöllner, Spiller, Dellingshausen, Lesage, Thomson, Schramm, Huyghens, Fritsch und Secchi.

Der zweite Teil behandelt das Gravitationsproblem aus dem Gesichtspunkte der kinetischen Gastheorie. Auf Grund der einzigen Hypothese, der Äther sei ein elementares Gas, wird mit mathematischer Strenge eine Reihe von Schlüssen entwickelt, aus denen sich ergibt, daß die Phänomene der Gravitation bis zu einer großen Annäherung an die Newtonsche Formel ohne Zuhilfenahme irgend welcher anziehenden oder abstoßenden Kräfte sich ableiten lassen. Überdies breitet die entwickelte Theorie neues Licht über einige andere Fragen der Physik und Astronomie, z. B. über auffallende Irregularitäten bezüglich des spezifischen Gewichtes der Planeten, über die nahe Beziehung der Ziffer für die Geschwindigkeit des Lichtes zu Webers elektrodynamischer Konstante c, über die Riemannsche und Edlundsche Hypothese in betreff des Zeitverbrauchs bei der Fortpflanzung elektrischer Wirkungen. Im engen Anschluß an diese ergibt sich die Notwendigkeit, daß die Gravitation ebenfalls Zeit verbrauche, und es wird die Möglichkeit gezeigt, diese Frage dem Experiment zu unterwerfen.

Die ganze Richtung der modernen Naturforschung geht dahin, nicht allein mit den gespensterhaften Imponderabilien aufzuräumen, sondern auch die allzulange Musterkarte verschiedenartiger Naturkräfte, die heutzutage von der Physik und Chemie noch immer ins Feld geführt werden, nach Möglichkeit abzukürzen. „Auflösung der Naturvorgänge in Mechanik der Atome“ ist, wie du Bois-Reymond sagt, „Naturerkennen“, ist also das Ziel, nach dem jedes Naturforschen zu streben hat. Die Kinetik der Gase hat uns diesem Ziele um einen bedeutenden Schritt näher gebracht; möge die vorliegende Kinetik des Äthers dasselbe tun!

b) Inhaltsübersicht.

Erste Abteilung.

I. Die Anschauungen Newtons von dem Wesen der Gravitation. II. Die Theorie Zöllners. III. Das Webersche Potential. IV. Die Theorie von Spiller. V. Die Theorie von Dellingshausen. VI. Die Theorie von Lesage-Thomson. VII. Die Theorie von Schramm. VIII. Die Theorie von Huyghens. IX. Die Theorie von Fritsch. X. Die Theorie von Secchi.

Zweite Abteilung.

XI. Zur Orientierung. XII. Die Prämissen der Untersuchung. XIII. Wirkung des Äthers auf ein ruhendes Molekül. XIV. Einfluß des Moleküls auf das Medium. XV. Einfluß des Äthers auf ein bewegtes Molekül. XVI. Weitere Annäherungen. XVII. Gravitationswirkung bewegter Massen.

1866.

19. Helicinae titanicae anatome.

Dissertatio zoologica, quam scripsit C. Isenkrahe. 8° (27 pag.). Bonnae, typis Carthausianis MDCCCLXVI. In deutscher Sprache erschienen im „Archiv für Naturgeschichte“ 1867.

Vergl. unter D Nr. 26, S. 30.

C. Wissenschaftliche Beilagen zu Jahresberichten.

1910.

20. Energie, Entropie, Weltanfang, Weltende.

Wissenschaftliche Beilage zum Jahresbericht des Kgl. Kaiser-Wilhelms-Gymnasiums in Trier. Gr. 8 ° (80 S.). Trier, Lintz, 1910.

a) Kurze Einführung.

Der als hervorragender Physiker bekannte Jenenser Professor Felix Auerbach hat vor einiger Zeit unter dem Titel: „Die Weltherrin und ihr Schatten“ einen Vortrag über Energie und Entropie veröffentlicht, den er mit folgenden blühenden Sätzen einleitet:

„Über allem, was sich im unendlichen Raume, im Strome der dahinfließenden Zeit abspielt, thront die Energie als Göttin, als Königin, hier gebend und dort nehmend. Wahllos, in lauterster Gerechtigkeit, übt sie allenthalben ihre Macht aus; das winzige Stäubchen und den genialen Menschen bestrahlt sie mit ihrem ruhigen, sich ewig gleichbleibenden Glanze. — Wo aber Licht ist, da ist auch Schatten: und der Schatten, den die Weltherrin Energie hinter sich wirft, ist tief und schwarz, vielgestaltig und vielbeweglich. Es ist, als ob er ein selbständiges Leben hätte, als ob er sich gar anmaßte, seinerseits die Welt zu regieren, und wahrscheinlich nicht in demselben Sinne wie die Energie. Bei seiner Betrachtung kann man eine trübe Ahnung nicht bemeistern: der Schatten ist der böse Dämon, der zu beeinträchtigen, wenn nicht gar zu verderben suchen wird, was der strahlende Dämon in das Dasein an Großem, Schönem und Gutem hineinzutragen sich bemüht. Wir nennen den bösen Dämon Entropie, und es hat sich herausgestellt, daß er wächst und wächst, daß er langsam aber sicher seine bösartigen Tendenzen entfaltet. Welche Beruhigung — so muß man fragen — kann uns die Verfassung (d. h. das Gesetz von der Erhaltung der Energie) gewähren, wenn ohne Unterlaß Kräfte tätig sind, um sie zu untergraben? Was kann die Energie auf die Dauer nutzen, wenn ihr Schatten, je mehr die Welt fortschreitet, je mehr es Abend wird auf Erden, länger und länger wird, um schließlich alles in finstere Nacht zu hüllen? — Wir alle stehen unter dem Schutze der Energie, und wir alle sind dem schleichenden Gifte der Entropie preisgegeben. Sollte es nicht auch für uns, an welchem Teile des Weltgebäudes, an welchem Teile des Menschheitsideales wir auch tätig sein mögen, die Mühe lohnen, uns mit dem Wesen jener beiden Dämonen vertraut zu machen, uns ihr Wirken näher zu betrachten? . . .“ —

In der Tat muß man diese „Betrachtung“ als eine in hohem Grade interessante und mühelohnende ansehen, um so mehr noch deswegen, weil zu dem hier betonten naturwissenschaftlichen Interesse an dem „Wesen“ der Energie und Entropie ein anderes, weit stärkeres hinzugetreten ist, nämlich das religiöse.

Die christliche Apologetik hat sich insbesondere der Entropie bedient, um aus einem gewissen, auf die Entropie bezüglichen Lehrsatze der mechanischen Wärmelehre Schlüsse zu ziehen auf Anfang und Ende der Welt, und hieraus wieder weitere Schlüsse auf das Dasein und Wirken eines außerweltlichen Schöpfers. — Wie nicht anders zu erwarten, haben solche apologetische Bemühungen viele Reden hin und her, für und gegen im Gefolge gehabt. Dabei führten ungenügende Kenntnis der physikalischen Tatsachen, Mißverständnisse, vorgefaßte Meinungen und voreilige Hast zu mancherlei bedauerlichen Irrtümern, die auf den erstrebten Zweck nur schädigend einwirken konnten. Schon bezüglich der Grundfrage, ob das sogenannte „Entropieargument" im Dienste der Apologetik überhaupt exakt verwendbar sei, standen sich die extremsten Parteivertreter so schroff gegenüber, daß hüben mit entschiedenem „ja!", drüben mit ebenso entschiedenem „nein!" geantwortet wurde. Nachdem der Verfasser früher schon einige Male Anlaß gehabt, in bezug auf gewisse Einzelheiten in den apologetischen Beweisführungen mancherlei wichtige Bedenken zu begründen, untersucht er hier in einer besonderen Abhandlung die physikalischen Voraussetzungen, unter denen der Entropiebeweis möglich erscheint.

b) Inhaltsübersicht.

I. Einleitendes. II. Das Unveränderliche in der Natur. III. Die Energie und ihre Faktoren. IV. Entropie. V. Der Intensitätsfaktor der Energie. VI. Erste notwendige Voraussetzung bei Benutzung des Entropiearguments. VII. Zweite notwendige Voraussetzung. VIII. Dritte notwendige Voraussetzung. IX. Vierte notwendige Voraussetzung. X. Schluß auf das Weltende. Asymptote. XI. Schluß auf den Weltanfang. Gefahr einer „petitio principii". XII. Geometrische Veranschaulichung. XIII. Veranschaulichung durch analytische Ableitungen. XIV. Drei Beweisführungen zur Ausschaltung des vierten Falles. XV. Die Beweisführung Dressels. XVI. Fünfte und sechste notwendige Voraussetzung. Schluß. Literaturverzeichnis.

1909.

21. Ueber Begriffe und Grundsätze, die beim kosmologischen Beweise als bekannt und selbstverständlich vorausgesetzt werden.

Wissenschaftliche Beilage zum Jahresbericht des Kgl. Kaiser-Wilhelms-Gymnasiums in Trier. Gr. 8° (95 S.). Trier, Lintz, 1909.

Vergl. unter B Nr. 13. S. 15. Außerdem die Selbstanzeige in Runges „Philosophie der Gegenwart“ Bd. I (1908 und 1909) Nr. 3576a.

1906.

22. **Ueber die 32 Lösungsergebnisse des erweiterten Malfattischen Problems.**

Wissenschaftliche Beilage zum Jahresbericht des Kgl. Kaiser-Wilhelms-Gymnasiums in Trier, Ostern 1906. Gr. 8° (46 S.). Trier, Schaar & Dathe, 1906.

Vergl. unter D Nr. 40, S. 32.

1897.

23. **Das Verfahren der Funktionswiederholung, seine geometrische Veranschaulichung und algebraische Anwendung.**

Wissenschaftliche Beilage zum Jahresbericht des Kgl. Kaiser-Wilhelms-Gymnasiums in Trier. Gr. 8° (VIII und 113 S.). 1897.

Identisch mit B Nr. 16, S. 22.

1886.

24. **Zur Theorie der elliptischen Modulfunktionen.**

Wissenschaftliche Beilage zum Jahresbericht des Realprogymnasiums in Bonn. Gr. 4° (II und 35 S.). Bonn, C. Georgi, 1886.

1878.

25. **Isaak Newton und die Gegner seiner Gravitationstheorie unter den modernen Naturphilosophen.**

Wissenschaftliche Beilage zum Jahresbericht des Gymnasiums in Krefeld. Ostern 1878. Gr. 4° (39 S.). Krefeld, G. Kühler 1878.

Vergl. unter B Nr. 18, S. 22.

D. Abhandlungen.

Übersicht über die in Betracht kommenden Zeitschriften:

1. Abhandlungen zur Geschichte der Mathematik. VI. Heft, Leipzig, B. G. Teubner, 1892 (Supplement zur „Zeitschrift für Mathematik und Physik", herausgegeben von O. Schlömilch, E. Kahl und M. Cantor, XXXVII. Jahrgang, Leipzig, B. G. Teubner, 1892).
2. Archiv der Mathematik und Physik. Mit besonderer Rücksicht auf die Bedürfnisse der Lehrer an höheren Unterrichtsanstalten. Gegründet 1841 durch J. A. Grunert. III. Reihe. Herausgegeben von E. Lampe, W. Fr. Meyer und E. Jahnke. 3. Band 1902 und 11. Band 1907. Leipzig und Berlin, Druck und Verlag von B. G. Teubner.
3. Archiv für Naturgeschichte. Herausgegeben von F. H. Troschel. XXXIII. Jahrgang, 1867. Berlin, Nicolai.
4. Das Heilige Feuer. Religiös kulturelle Monatsschrift. VI. Jahrgang, 9. Heft (Juni 1919), VII. Jahrgang, 12. Heft (September 1920) und XIV. Jahrgang, 4. und 5. Heft (Januar-Februar 1927). Herausgegeben von B. M. Steinmetz und Joseph Feiten. Druck und Verlag der Junfermannschen Buchhandlung in Paderborn.
5. Der Aar. Illustrierte Monatsschrift für das gesamte katholische Geistesleben der Gegenwart. Herausgeber Dr. V. M. Otto Denk (Otto v. Schaching). III. Jahrgang, 1913. Regensburg und Rom. Druck und Verlag von Friedrich Pustet.
6. Gaea. Natur und Leben. Zeitschrift zur Verbreitung naturwissenschaftlicher und geographischer Kenntnisse sowie der Fortschritte auf dem Gebiete der gesamten Naturwissenschaften. Köln und Leipzig, Eduard Heinrich Meyer, Band XVI. 1880.
7. Lehrproben und Lehrgänge aus der Praxis der Gymnasien und Realschulen. Herausgegeben von O. Frick und H. Meier. Halle, Verlag des Waisenhauses. 24. Heft, Juni 1890.

8. Mathematische Annalen. Begründet 1868 durch Alfred Clebsch und Carl Neumann. Gegenwärtig herausgegeben von Felix Klein, Walther Dyck und Adolph Mayer. 31. Bd. 1888 und 53. Bd. 1900. Leipzig, B. G. Teubner.

9. Monatsblätter für den katholischen Religionsunterricht an höheren Lehranstalten. Herausgegeben von Franz Becker, Jakob Hoffmann und Ewald von Kleist. XII. Jahrgang. Köln, Bachem, 1911.

10. Natur und Kultur. Herausgegeben von Joseph Völler. Jahrgang XVIII, 1920/21. 8. (Mai) Heft. Verlag Natur und Kultur in München.

11. Natur und Offenbarung. Organ zur Vermittlung zwischen Naturforschung und Glauben für Gebildete aller Stände. Münster i. W. Druck und. Verlag der Aschendorffschen Buchhandlung. 52. Bd. Jahrgang 1906, 53. Bd. 1907, 54. Bd. 1908, 55. Bd. 1909.

12. Die Naturwissenschaften. Wochenschrift für die Fortschritte der Naturwissenschaft, der Medizin und der Technik. Herausgegeben von A. Berliner, C. Thesing und A. Pütter. I. Jahrgang 1913 und III. Jahrgang 1915. Berlin, Julius Springer.

13. Philosophisches Jahrbuch der Görresgesellschaft. Unter Mitwirkung von Jos. Pohle und Chr. Schreiber herausgegeben von Const. Gutberlet. XXIX. Bd., 3. Heft. Fulda 1916 und XXXIV. Bd., 3. Heft. Fulda 1921. Druck und Kommissionsverlag der Fuldaer Actiendruckerei.

14. Repertorium für Experimental-Physik, für physikalische Technik, mathematische und astronomische Instrumentenkunde. Herausgegeben von Ph. Carl. 16. Bd., 1880. München und Leipzig, R. Oldenbourg.

15. Theologie und Glaube. Zeitschrift für den katholischen Klerus. Herausgegeben von den Professoren der Bischöflichen philos.-theol. Akademie zu Paderborn. Jahrgang X. Heft 5/6, 1918. Verlag von Ferdinand Schöningh in Paderborn.

16. Zeitschrift für Mathematik und Physik. Herausgegeben von O. Schlömilch, E. Kahl und M. Cantor. Leipzig, B. G. Teubner. 26. Jahrg. 1881, 28. Jahrgang 1883, 31. Jahrgang 1886.

17. Zeitschrift für mathematischen und naturwissenschaftlichen Unterricht. Herausgegeben von J. C. V. Hoffmann. IX. Jahrgang 1878, XXI. Jahrgang 1890. Leipzig, B. G. Teubner.

1867.

26. **Anatomie von Helicina titanica.**

„Archiv für Naturgeschichte", XXXIII. Jahrgang 1867, 1. Heft, S. 50—72.

Vergl. unter B Nr. 19, S. 24.

1878.

27. **Schul-Experimente am Harmonium zum Beweise der wichtigsten Lehrsätze der Akustik.**

„Zeitschrift für mathematischen und naturwissenschaftlichen Unterricht". Jahrgang IX, 1878, S. 178—184.

1880.

28. **Pendelexperimente zur Erklärung der Consonanz-, Interferenz- und Absorptions-Erscheinungen in der Akustik und Optik.**

„Repertorium für Experimental-Physik", Bd. XVI, 1880, S. 99—118. 2 Nachträge dazu in demselben Bande, S. 516—520 und 521—524.

1880.

29. **Kritische Beiträge zum Gravitationsproblem.**

„Gaea", Bd. XVI (1880), S. 472—480, 544—550, 600—607, 647—656, 745—751.

1881.

30. **Euler's Theorie von der Ursache der Gravitation.**

„Zeitschrift für Mathematik und Physik", Jahrgang 26, Heft 1, S. 1—19 (Histor.-literar. Abteilg.).

1883.

31. **Ueber Schmitz Dumonts Schrift: „Die Einheit der Naturkräfte und die Deutung ihrer gemeinsamen Formel".**

„Zeitschrift für Mathematik und Physik", Jahrgang 28, Heft 2, S. 44—55 (Histor.-literar. Abteilg.).

1886.

32. a) Ueber die Inversion der vollständigen elliptischen Integrale erster Gattung für ihre reellen Moduln.

„Zeitschrift für Mathematik und Physik“, Bd. XXXI, 1886, S. 34—43.

b) Ueber die Inversion der von Legendre definirten vollständigen elliptischen Integrale zweiter Gattung für ihre reellen Moduln.

Ebenda S. 178—191.

c) Inversion des von Weierstraß definirten vollständigen elliptischen Integrals zweiter Gattung.

Ebenda S. 241—246.

1888.

33. Ueber die Anwendung iterirter Functionen zur Darstellung der Wurzeln algebraischer und transscendenter Gleichungen.

„Mathematische Annalen“, XXXI. Bd., 1888, 3. Heft, S. 309—317.

1890.

34. Die Möglichkeit gleichförmig gebildeter Stufenregeln über Summen und Differenzen, Produkte und Quotienten, Potenzen und Wurzeln in Form zweier algebraischer Repetitionsstunden entwickelt.

„Lehrproben und Lehrgänge“, 24. Heft, Juni 1890, S. 44—64.

35. Zur mathematischen Orthographie. Noch einmal das Wurzelzeichen.

„Zeitschrift für mathematischen und naturwissenschaftlichen Unterricht“, XXI. Jahrgang 1890, S. 505—507.

1892.

36. Ueber die Zurückführung der Schwere auf Absorption und die daraus abgeleiteten Gesetze.

„Abhandlungen zur Geschichte der Mathematik“, VI. Heft, 1892, S. 161—204.

1900.

37. Ueber eine Lösung der Aufgabe, jede Primzahl als Function der vorhergehenden Primzahlen durch einen geschlossenen Ausdruck darzustellen.

„Mathematische Annalen", 53. Bd., 1.–2. Heft, 1900, S. 42–44.

1902.

38. Neue Lehrsätze über die Wurzeln algebraischer Gleichungen.

„Archiv der Mathematik und Physik", III. Reihe, 3. Bd., 1902, S. 257–260.

1906/07.

39. Ueber die Verwendung mathematischer Argumente in der Apologetik.

Sechs Abhandlungen und ein Nachtrag „Natur und Offenbarung", 1906/07, a) 52. Bd. 1906: S. 257–269 (V. Heft: 12. Mai), S. 415–432 (VII. Heft: 12 Juli), S. 605–617 (X. Heft: 6. Oktober), S. 705–726 (XII. Heft: 13. Dezember). b) 53. Bd. 1907: S. 385–400 (VII. Heft: 16. Juli), S. 449–462 (VIII. Heft: 10. August), S. 747–749 (XII. Heft: 12. Dezember).

1907.

40. Ueber die Erledigung des Malfattischen Problems mit den Hilfsmitteln der elementaren Planimetrie.

„Archiv der Mathematik und Physik", 3. Reihe, 11. Bd. 3. Heft, (7. Februar 1907), S. 210–224.

Vergl. unter C Nr. 22, S. 27.

1908.

41. Ueber die Terminologie des Endlichen und Unendlichen.

„Natur und Offenbarung".

54. Bd. 1908, S. 129–156 (III. Heft: 14. März), S. 201–228 (IV. Heft: 14. April).

Vergl. unte B Nr. 14, S. 18.

1909.

42. Ueber mechanische und optische Vorrichtungen, die zum Beweise für die Endlichkeit der Welt verwendet worden sind.

„Natur und Offenbarung".

55. Bd. 1909, S. 193–211 (IV. Heft: 15. April).

1911.

43. Ueber nicht restfrei abzählbare Mengen.

„Monatsblätter für den katholischen Religionsunterricht an höheren Lehranstalten", Jahrgang XII (Januar 1911), S. 8—19.

1913.

44. Ueber „Neapolitanische Blutwunder".

„Der Aar", 3. Jahrgang, I. Bd., Januar 1913 (Heft 4), S. 509—514.

45. Ueber die Absorption der Schwerkraft.

„Die Naturwissenschaften", I. Jahrgang 1913, Heft 50 (12. Dezember), S. 1237—38.

1915.

46. Ueber den Zusammenhang der sogenannten Aetherstoßtheorie mit einigen Sonderfragen der kosmischen Physik.

„Die Naturwissenschaften", III. Jahrgang 1915, Heft 38 (17. September), S. 488—492.

1916.

47. Ueber die Begriffe: Grenze, Anfang und Ende.

„Philosophisches Jahrbuch der Görresgesellschaft". 1916. 29. Bd., 3. Heft, S. 313—327.

1918.

48. Ueber einen Existenzbeweis des Ungewordenen.

„Theologie und Glaube". Jahrgang 10, Heft 5/6, S. 264—271.

1919.

49. Bemerkungen und Zusätze zu den Erörterungen von Richard Knies über: „Krieg, Seele und Gott".

„Das heilige Feuer". 6. Jahrgang, 9. Heft (Juni 1919), S. 374—376.

1920.

50. Die apologetische Verwertung der Wunder.

„Das heilige Feuer". 7. Jahrgang, 12. Heft (September 1920), S. 484—485.

1921.

51. **Zur Grundlegung eines bündigen kosmologischen Gottesbeweises.**

„Natur und Kultur". XXIII. Jahrgang, 8. (Mai) Heft, S. 324–325.

52. **Bemerkungen I und II.**

„Philosophisches Jahrbuch der Görresgesellschaft". 34. Bd., 3. Heft, S. 310–316 und S. 320–324. Vgl. auch E, 1921, Schlußsatz, S. 36.

Außer den in vorliegender Bibliographie angeführten Abhandlungen hat Isenkrahe noch gelegentlich Reden und Aufsätze mehr populär-wissenschaftlichen oder populär-pädagogischen Charakters veröffentlicht, die, streng genommen, nicht zu einer Übersicht über seine wissenschaftlichen Arbeiten gehören, die aber der Vollständigkeit halber hier angeführt seien: Mediziner oder Philologe. Ein Dialog (unter dem Pseudonym: Dr. S. A. Rheineck). Bonner Zeitung, 76. Jahrgang, Nr. 67, Freitag, 7. März 1884.

Etwas vom Blitzableiter. Kölnische Volkszeitung. 32. Jahrgang, Nr. 230, Sonntag, 23. August 1891.

Genaues Gewicht. Kölnische Volkszeitung, 32. Jahrgang, Nr. 251, Sonntag, 13. September 1891.

Kardinal Nikolaus Cusanus, sein Leben und seine wissenschaftliche Bedeutung. Trierische Zeitung 1901 Nr. 201, Dienstag, 9. Juli und Eifelvereinsblatt Nr. 9, II. Jahrgang, September 1901, S. 63–66.

Ein Spaziergang nach dem Himmel (Astronomisches). Trierische Landeszeitung, 27. Jahrgang, Nr. 509 a, Montag, 9. Dezember 1901 und Nr. 510 a, Dienstag, 10. Dezember 1901.

E. Besprechungen und Entgegnungen.

1909.

Vorläufige Entgegnung auf den Angriff des Herrn P. Wasmann in Nr. 48 der Wissenschaftlichen Beilage zur „Germania“ Nr. 52. Donnerstag, 30. Dezember 1909. (Ausführliche Entgegnung als Manuskript vorhanden. 14 Seiten 4°.)

1910.

Besprechung der Schrift von „Closs, Kepler und Newton und das Problem der Gravitation in der Kantischen, Schellingschen und Hegelschen Naturphilosophie“. Literarische Rundschau für das Katholische Deutschland, 36. Jahrgang, Nr. 2. Freiburg, Herder.

„Gibt es ein räumliches Ende der Welt?“ Trierische Landeszeitung 7. Juli 1910 Nr. 127 a (Abendausgabe), 36. Jahrgang.

1914.

Besprechung der Schrift von E. Study: „Die realistische Weltansicht und die Lehre vom Raum. Kölnische Volkszeitung, Literarische Beilage Nr. XXX, 23. Juli 1914 (S. 238).

1915.

Besprechung der Schrift von Max C. P. Schmidt: „Kulturhistorische Beiträge zur Kenntnis des griechischen und römischen Altertums. Erstes Heft: Zur Entstehung und Terminologie der elementaren Mathematik.“ Zweite verbesserte und stark vermehrte Auflage. Leipzig, Dürr 1914. XVI und 269 Seiten, 3 Tafeln.

Kölnische Volkszeitung, Literarische Beilage Nr. 24. 11. November 1915. S. 190.

1916.

Zur Revidierung der Gottesbeweise. Entgegnung auf Prof. Jos. Vordermayrs gleichlautenden Artikel in Nr. 6 der Kath. Kirchenzeitung (Salzburg) Nr. 9. 10. Februar 1916, S. 85.

Zur experimentellen Psychologie. Die perserverierend-determinierende Hemmung bei fortlaufender

Tätigkeit. Von Dr. Walter Wiedenberg. Leipzig, Quelle & Meyer. 8°. 109 Seiten.

Kölnische Volkszeitung, Literarische Beilage Nr. 17, 17. Oktober 1916.

Über das assoziative Äquivalent der Determination. Von Dr. Kurt Kux. Ebenda. 8°. 149 Seiten.

Vergl. auch die Hinweise auf Entgegnungen Isenkrahes unter den Nummern B 5, 6, 7 und D 1919.

1921.

Unter der Überschrift: „Bemerkungen I und II" hat Isenkrahe im Philosophischen Jahrbuch der Görresgesellschaft 34. Bd., Heft 3, S. 310 — 316 und S. 320 — 324 zum letzten Male — schon mit todmüder Hand — die Feder ergriffen, um seine Gedanken vor Irrtum und Mißdeutung zu schützen. Resigniert schließt er: „Für den Augenblick bin ich genötigt, . . Abschied zu nehmen; ob „auf Wiedersehn" wird Gott fügen."

Die Schriftleitung des Philosophischen Jahrbuchs fügte hinzu: „Der vorstehende Schlußsatz des Verfassers klingt fast wie eine Todesahnung. Mittlerweile hat der Herr über Leben und Tod den Verfasser zu sich abgerufen. Möge Gott, der Vergelter alles Guten, dem schaffensfreudigen Verfasser ein reicher Belohner sein! R. i. p."

Eine abschließende Biographie Isenkrahe's ist in Vorbereitung, wird aber erst in einigen Jahren erscheinen. Einen Abriß mit besonderer Würdigung seiner wissenschaftlichen Bedeutung gab Josef Schnippenkötter im Januar- und Februar-Heft der Zeitschrift „Das Heilige Feuer", Jahrgang XIV, 1927, Heft 4, S. 129—136 und Heft 5, S. 175—183.

FSC
www.fsc.org
MIX
Papier | Fördert
gute Waldnutzung
FSC® C083411

Zeitfracht Medien GmbH
Ferdinand-Jühlke-Straße 7
99095 Erfurt, Deutschland
produktsicherheit@kolibri360.de